CONCOURS
RÉGIONAL AGRICOLE
DE GAP

CONSOLIDATION DU SOL

DANS LES MONTAGNES

D'APRÈS LA MÉTHODE DE M. SÉGUINARD

Conservateur des Forêts

PAR

M. L. VIALLA

Président de la Société centrale d'Agriculture du département de l'Hérault

MONTPELLIER

TYPOGRAPHIE DE PIERRE GROLLIER, IMPRIMEUR DE LA SOCIÉTÉ
D'AGRICULTURE, RUE DU BAYLE, 10

1869

CONCOURS RÉGIONAL AGRICOLE

DE GAP.

CONSOLIDATION DU SOL DANS LES MONTAGNES

D'après la méthode de **M. SÉGUINARD**, *conservateur des forêts.*

Le Concours régional agricole qui vient d'avoir lieu à Gap, sous la présidence de M. l'inspecteur général Rendu, n'a eu, sous bien des rapports, qu'une importance secondaire. Les animaux, les instruments et les produits exposés ont été en petit nombre ; l'empressement du public a laissé, de son côté, quelque chose à désirer.

Il ne pouvait guère en être autrement.

Le département des Hautes-Alpes est un pays pauvre qui produit peu, et qui, par conséquent, n'offre pas par lui-même beaucoup de ressources pour un Concours agricole. L'eau, le fumier et les capitaux lui manquent ; son sol s'éboule et ses habitants s'expatrient. La ville de Gap, chef-lieu du département, est ensevelie dans un massif de

montagnes dont l'accès est d'autant plus difficile aujour-
d'hui qu'on a pris partout l'habitude de ne plus voyager
qu'en chemin de fer. Le département des Hautes-Alpes n'en
a pas un seul. D'un autre côté, la route qui relie la ville
de Gap à la vallée du Rhône par Orange et par Nyons,
a été à moitié détruite par les orages de l'Été dernier, et
l'on est aujourd'hui obligé, quand on veut pénétrer dans
ces contrées déshéritées, de faire un grand détour et de
passer, soit par la vallée de l'Isère au Nord, soit par la
vallée de la Durance au Midi. De pareilles conditions ne
sont pas favorables pour un Concours régional. Il y a eu
néanmoins à Gap quelques bonnes choses qui méritent
d'être signalées.

La prime d'honneur a été décernée à un **fermier**
honnête et laborieux, **M. Pierre Martin**, qui cultive
d'une manière patriarcale, mais avec beaucoup d'intel-
ligence, une propriété de 27 hectares, sur laquelle sa
famille vit depuis trois cents ans. Il n'a d'autres aides
que ses enfants. Le public a ratifié par ses applaudisse-
ments chaleureux la décision du Jury.

La section des bêtes bovines, la plus importante de
toutes dans les Concours régionaux, ne comptait que
81 animaux exposés. Ce chiffre nous a paru d'autant
plus insuffisant que la région qui concourait à Gap ren-

ferme plusieurs pays d'élevage. Mais, si les animaux exposés dans cette section n'étaient pas très-nombreux, plusieurs d'entre eux ne manquaient pas du moins de mérite. On remarquait en première ligne les Mézencs, qui tirent leur origine des environs du Puy et d'Issengeaux, et qui fournissent au Puy-de-Dôme, à l'Ardèche, à l'Isère et à la Drôme, la plupart des bœufs de travail et des vaches laitières dont ces divers départements ont besoin. Les Aubracs venaient ensuite ; ils étaient peu nombreux : 11 en tout ; mais ils étaient si distingués et si biens choisis, qu'ils ont *tous* été récompensés. On ne trouvait chez aucun d'eux les caractères de dureté et de rudesse qu'on a l'habitude de reprocher à leur race.

Les Tarentais, qui auraient dû être très-nombreux à cause du voisinage de la Savoie, étaient si peu et si mal représentés au Concours de Gap, qu'on peut dire qu'il n'y en avait pas. Sur quinze prix qui leur étaient attribués par le programme, le Jury n'a pu en donner qu'un seul, et ce n'était qu'un deuxième prix. En revanche, la section des croisements divers renfermait une superbe vache déclarée Tarentaise croisée, mais vraie Tarentaise au fond, ayant toutes les qualités de sa race sans avoir aucun de ses défauts. Cette belle bête aurait été une bonne fortune pour un éleveur intelligent qui aurait voulu s'adonner à l'amélioration de cette race si utile et si distinguée.

L'exposition de l'espèce ovine présentait des caractères assez semblables à ceux que nous venons de signaler. Les animaux exposés n'étaient pas nombreux, mais plusieurs d'entre eux ne manquaient pas de mérite. On trouvait parmi eux des mérinos, des métis-mérinos, des southdowns et des charmois.

Le département des Hautes-Alpes n'a pas, en fait de moutons, de race qui lui soit propre : la plupart des troupeaux qu'il possède se sont formés un peu à l'aventure par le croisement des races du Dauphiné avec les mérinos ou les métis-mérinos qui viennent chaque année de la Crau et de la Camargue pour passer l'Été sur ses montagnes. A la fin de Juin, j'ai trouvé aux environs de Villard-d'Arènes un de ces troupeaux transhumants, qui sont une des plus grandes ressources et une des plus grandes plaies du département des Hautes-Alpes. Venu des plaines de la Crau, il marchait depuis quatorze jours, et il avait encore une étape à faire pour arriver sur le col du Lautaret, où il devait passer l'Été, à 2,000 mètres au-dessus du niveau de la mer. Un voyage si long est vraiment effrayant, quand on songe aux privations, aux fatigues de toute espèce que les troupeaux en marche sont obligés d'endurer. Mais, disons-le aussi, rien n'est beau comme les pâturages qui couvrent les sommets des Alpes. Ce ne sont pas de simples dépaissances qu'on y trouve, ce sont de véritables prairies tapissées de fleurs ; l'herbe en est haute, fine et serrée ; les fleurs qui les couvrent sont d'une incomparable beauté. L'air pur et frais des montagnes, la vivacité de la lumière, plus grande sur les hauteurs que dans les bas-fonds, leur donnent un éclat et des couleurs brillantes qu'on ne peut pas obtenir ailleurs.

Nous ne dirons rien des instruments exposés : aucun d'eux ne nous a paru bien remarquable. Il a été pourtant fait à Gap quelques essais de charrues, qui n'ont pas manqué d'intérêt.

Dans l'exposition des produits agricoles, les vins du pays ont été la seule chose qui ait attiré notre attention. D'après M. Amat, viticulteur distingué et président de la Société d'Agriculture du Gap, le département des Hautes-Alpes peut produire jusqu'à 175,000 hectolitres de vin. Ses principaux vignobles sont situés au Midi de Gap, dans la vallée de la Durance, à 5 ou 600 mètres de hauteur ; on en trouve d'autres assez importants un peu plus au Nord, au-dessus d'Embrun et à une hauteur de plus de 800 mètres. Leur ensemble ne dépasse pas 6 à 7,000 hectares. Toutes les vignes qui les composent sont cultivées en souches basses et ont pour principal cépage un raisin que nous n'avons pas dans l'Hérault et qu'on appelle le *mollard*. Leur production varie de 16 à 60 hectolitres à l'hectare, et peut être évaluée en moyenne à 25 ou 30 hectolitres par an. Tous les vins récoltés sont consommés dans le pays et ne suffisent pas à ses besoins; ils se sont vendus, cette année, 25 fr. l'hectolitre.

S'il faut en juger par les échantillons exposés à Gap, les vins des Hautes-Alpes sont durs, âpres, assez chauds et assez colorés; ils ont tous une tendance très-marquée à se piquer ou à tourner à l'amer. Aussi croyons-nous qu'ils ont besoin d'être bus à l'âge de deux ans. Ceux qu'on laisse vieillir davantage sont presque tous défectueux. Nous avons pourtant trouvé un vin de 1858 qui s'était assez bien conservé. Un autre fait cependant nous a frappé. Les échantillons exposés à Gap avaient tous entre eux un tel degré de ressemblance, qu'on peut dire qu'il n'y a dans les Hautes-Alpes qu'un seul type, qu'un seul genre de vin. Cette grande uniformité des produits s'explique par l'uniformité des cultures des cépages et des procédés de vinification.

CONSOLIDATION ET RÉGÉNÉRATION DU SOL

Par M. Séguinard, *conservateur des forêts.*

Le fait le plus saillant et le plus intéressant du Concours de Gap a été, sans contredit, l'examen du système simple, ingénieux et fécond, adopté par M. Séguinard, conservateur des forêts, pour la consolidation et la régénération du sol dans les montagnes de la Drôme et des Hautes-Alpes.

Nous l'avons déjà dit, ce dernier département, comme celui de la Drôme et des Basses-Alpes, est dans un état continuel de dégradation. Les terrains schisteux et les terrains calcaires, qui constituent la plupart de ses montagnes, ne sont pas plus solides les uns que les autres. Désagrégés par l'action des eaux et des autres agents atmosphériques, les terrains schisteux s'en vont en boue épaisse, les terrains calcaires s'éboulent d'une manière effroyable et remplissent de galets innombrables le fond des vallées. Repris par les eaux à l'époque des grandes crues, entraînés par elles dans les rivières, tous ces débris de pierre et de boue sont définitivement transportés dans la vallée du Rhône. La Durance en charrie des quantités énormes. D'après un calcul qu'on a fait à Pertuis, il passe chaque année dans son lit

13 millions de mètres cubes de matériaux divers : ce chiffre ne comprend pas ceux qui se sont déposés sur ses rives sur un parcours de 500 kilomètres de long.

Ces grands transports de pierre et de limon ne sont pas des faits nouveaux , ils ont eu lieu dans les temps les plus anciens et dans des proportions très-considérables. La Camargue, la Crau et les terrains caillouteux qui couvrent la Provence, le Comtat et la Drôme sont là pour l'attester. Mais on prétend que ce grand travail de dégradation a été singulièrement favorisé de nos jours par le déboisement des montagnes et par le parcours des bêtes à laine.

Au premier abord, il semble qu'il n'est pas au pouvoir des hommes d'arrêter un mal qui date de si loin et qui sévit sur une aussi grande échelle. Les digues, les constructions les plus coûteuses ne durent qu'un jour. Comment pourraient-elles résister à un travail de destruction qui entraîne les montagnes elles-mêmes? M. Séguinard, et c'est là son premier mérite, a compris l'insuffisance de tous les moyens de ce genre. Pour triompher du mal, il faut, d'après lui, le prendre à sa source. Il prétend, avec raison, qu'on ne peut pas arrêter des torrents d'eau, de pierres et de boue, une fois qu'ils se sont formés. Mais ces forces, irrésistibles quand on veut les combattre au fond des vallées, ne sont rien quand on les attaque sur le faîte des montagnes ; là, il n'y a pas de torrents, il n'y a que des filets d'eau imperceptibles, et les éboulements ne se composent que de quelques parcelles de terre et de quelques débris de rochers.

A ce premier principe, si simple et en même temps si lumineux, M. Séguinard en ajoute un second, qui n'est ni moins vrai et ni moins fécond. Les forces que la nature met en jeu pour détruire sont lentes, mais éternelles ; elles finissent tôt ou tard par l'emporter sur les obstacles artificiels, et par conséquent périssables, auxquels on a l'habitude d'avoir recours. A la nature qui détruit, il faut, si l'on veut réussir, opposer la nature qui conserve, et s'appuyer, dans ce but, sur les forces toujours actives et sans cesse renaissantes de la vie, de la végétation. Quelques graines de végétaux, quelques pierres, un peu de terre et un peu de bois ; tels sont les seuls moyens d'action auxquels M. Séguinard a recours. Voici comment il opère :

Quand les pentes d'une montagne se dégradent et menacent de s'ébouler, il s'établit sur ses flancs, et, commençant par les parties les plus hautes, il creuse des espèces de tranchées qui lui servent à contenir les eaux et à leur donner un écoulement convenable ; il soutient ces tranchées par des fascines, des pierres et des plantations ou des semis d'essences forestières. Dans les ravins, où l'action des eaux s'exerce avec plus de violence, il établit de véritables drainages avec des pierres, des fascines et des bois. Ces drainages élèvent le fond des ravins, adoucissent les pentes et provoquent des atterrissements sur lesquels on peut asseoir en peu de temps une végétation forestière. Dans les ravins plus considérables, il construit, soit avec des pierres, soit avec des bois, des barrages artificiels qui arrêtent les eaux en donnant naissance à de petites cascades. Ces barrages multipliés ont plusieurs autres avantages : ils facilitent le dépôt des matières entraînées, ils relient l'un à l'autre les deux versants du ravin et leur donnent ainsi de la solidité. Quand une première ligne de travaux a été exécutée par les procédés qui viennent d'être décrits, on descend un peu au-dessous, et, à une distance qui varie suivant la nature de la pente et du terrain, on en établit une seconde absolument semblable; on en place une troisième un peu plus bas et on arrive ainsi peu à peu jusqu'au pied des talus qu'il fallait consolider. Les intervalles qui séparent ces différentes lignes de travaux sont semées en gazon, afin que la surface du sol soit raffermie sur toute son étendue. Tous ces obstacles si légers, si peu dispendieux, seraient bientôt renversés s'ils étaient abandonnés à eux-mêmes. Mais partout où un peu de terre a été accumulée, soit par les ouvriers, soit par l'action des eaux, on plante aussitôt des espèces végétales d'une croissance rapide, telles que les acacias, les érables, les frênes, les ormeaux et les bois blancs. Pourvu que l'obstacle artificiellement créé dure quelques années, la végétation s'empare du terrain et le succès de l'œuvre est assuré pour toujours.

Il ne reste plus, dès lors, qu'à soustraire pendant un certain temps les pentes consolidées à la dent et au pied des bêtes à laine et à prendre des mesures rigoureuses pour que le parcours soit réglementé d'une manière sévère et pour qu'il n'ait pas lieu tous les ans.

Le reboisement est, comme on le voit, la clef de voûte de tout le système; destiné d'abord à consolider le sol, il a, de plus, l'avantage d'assurer pour l'avenir aux populations des bois, des branches et du feuillage, utiles pour l'industrie, pour le chauffage et pour la nourriture des bestiaux pendant l'Hiver.

Tel est le système de consolidation du sol déjà expérimenté sur une assez grande échelle par M. Séguinard. Il est simple et d'une exécution facile. Néanmoins quand on se place sur le terrain de la pratique, on se heurte tout d'abord contre une difficulté assez grave : les droits de propriété des communes et des simples particuliers. Pour les biens communaux, l'État peut, à la rigueur, intervenir auprès des communes, dont il est le tuteur, et leur imposer l'obligation, sinon de faire, du moins de supporter des travaux destinés à sauver leurs héritages menacés. Les propriétés privées donneront lieu à des difficultés plus sérieuses, et on ne voit pas, pour les vaincre, d'autre moyen que l'expropriation.

Mais M. Séguinard ne se laisse pas arrêter par ces considérations : il a foi dans son œuvre, et il ne demande, pour la mener à bonne fin, qu'une somme de 16 millions, divisée en vingt annuités de 800,000 fr., 10 millions pour les Hautes-Alpes et 6 millions pour la Drôme. Ce n'est pas trop pour une si grande entreprise. Il fait, du reste, observer avec juste raison que les Ponts-et-Chaussées ont été obligés de dépenser, cette année, 500,000 fr., rien que pour réparer les dégâts occasionnés dans ces deux départements par les orages qui ont eu lieu l'année dernière dans le mois de Juillet et dans le mois d'Août.

Ce grand projet a déjà reçu la consécration de l'expérience : des essais sérieux ont été tentés sur plusieurs points et ont partout parfaitement réussi.

Quand on fait le tour de la ville de Gap, on voit une grande montagne schisteuse dont les pentes, considérablement dégradées, ont été récemment consolidées par la méthode que nous venons d'exposer.

Le Jury du Concours régional a visité les travaux déjà exécutés, et il a été vivement frappé des résultats obtenus. Il a aussitôt demandé au Ministre de l'Agriculture l'autorisation de décerner une médaille d'or du grand module à M. Séguinard, pour ses travaux de consolidation et de régénération du sol par le reboisement et le gazonnement, et de décerner une seconde médaille d'or à M. Costa, inspecteur des forêts à Embrun, pour son initiative et sa coopération à ces travaux.